新中国成立初期西北地区水利工程影像集

胡步川 著

河海文库

河海大学出版社
HOHAI UNIVERSITY PRESS
·南京·

图书在版编目(CIP)数据

新中国成立初期西北地区水利工程影像集 / 胡步川著. -- 南京 : 河海大学出版社, 2019.12

ISBN 978-7-5630-6125-9

Ⅰ. ①新… Ⅱ. ①胡… Ⅲ. ①水利工程-西北地区-摄影集 Ⅳ. ①TV-64

中国版本图书馆 CIP 数据核字(2019)第 194120 号

书　　名　新中国成立初期西北地区水利工程影像集
书　　号　ISBN 978-7-5630-6125-9
总 策 划　张　兵
本书策划　汪建新
策划编辑　朱婵玲
责任编辑　周　贤
　　　　　彭志诚
责任校对　张　媛
封面设计　槿容轩
装帧设计　徐娟娟　黄　煜　杭永红
出版发行　河海大学出版社
地　　址　南京市西康路 1 号(邮编:210098)
电　　话　(025)83737852(总编室)
　　　　　(025)83722833(营销部)
经　　销　江苏省新华发行集团有限公司
印　　刷　南京工大印务有限公司
开　　本　787 毫米×1092 毫米　1/16
印　　张　12
字　　数　300 千字
版　　次　2019 年 12 月第 1 版
印　　次　2019 年 12 月第 1 次
定　　价　88.00 元

微店二维码　京东二维码

天猫二维码　淘宝二维码

胡步川

“钟灵毓秀石头城，人才蒸蔚起。河疏湖蓄水利兴，工学昌明时。”

1915年，在“实业救国”“教育救国”的浪潮中，中国近代著名实业家张謇高瞻远瞩，创办了河海工程专门学校。这是中国历史上第一所培养水利技术人才的高等学府，开拓了中国水利高等教育的先河。

自学校成立以来，河海的先贤们筚路蓝缕，艰苦创业，将中国古代治水经验和西方先进的水利技术相结合，培养了大批水利英才，奠定了许多著名高校水利系科的办学基础。在此基础上，1952年，组建了新中国第一所水利学科门类齐全的华东水利学院，一时间，大师云集，学科群起，实力倍增。1985年恢复传统校名河海大学，河海人怀着“毋负邦人期”的初衷，更加奋发蹈厉，在教育的版图上开疆拓土，使学校发展成以水利为特色，工科为主，多学科协调发展的教育部直属全国重点大学和实施国家“211工程”重点建设、国家优势学科创新平台建设、一流学科建设以及设立研究生院的高校。

一百多年来，学校虽几经变更，但河海人治水兴邦的使命担当和“艰苦朴素、实事求是、严格要求、勇于探索”的优良传统却一脉相承，代代相传；一百多年来，学校在治水兴邦的奋斗历程中不断发展壮大，被誉为“水利高层次创新创业人才培养的摇篮和水利科技创新的重要基地”。

序

巍巍上庠，群贤继踵，人才辈出；河风海韵，百年流芳，气象泱泱。新时代，学校立足于“双一流”建设的新起点，擘画出更加宏伟的发展新蓝图。为了绍继前贤、启迪后学，学校经研究决定，汇集并遴选本校历史上以及当今知名教授、学者的学术著作，编辑出版《河海文库》。

《河海文库》所收学术著作，应是河海大学自建校以来在本校任教或求学，并在学界或业界具有广泛影响的著名教授、学者、专家的代表性作品。一百多年来，多少赫赫名师、菁菁学子，汇聚在清凉山麓、常澄路畔、将军山下，弦歌不辍，云蒸霞蔚。百年岁月长河，流逝了一代代河海人的辛勤汗水，却流不尽一代代河海人薪火相传的“河海精神”。这种“河海精神”不仅彰显于各个不同时期广大河海师生员工的工作生活和精神风貌中，而且更加集中、典型地凝聚在一代又一代名师硕儒、学术大家和业界精英的创造性成果和代表性作品中。遴选、出版他们的著作，虽然只能反映其学识品行、道德文章于万一，但对于科学的发展、文化的传承、学术的张扬、学风的垂范具有不可估量的价值，对于激励后学诸子、弘扬“河海精神”，具有弥足珍贵的意义。

目　录

第一篇

陕西地区水利工程

■ 1950 年 5 月，浐灞河堤上栉风沐雨

浐灞河

浐河和灞河位于陕西省，均是“八水绕长安”之河流。浐河全长 64 公里，是灞河最大一级支流；灞河全长 109 公里。浐、灞在光泰庙汇合后，向北注入黄河最大的支流——渭河。

■ 1950年5月，灞河将军庙附近第一号格坝及顺坝行将完工

■ 1950年春，在灞河将军庙附近修筑第一号挑水坝

■ 1950年5月5日，浐灞河将军庙第一号丁坝完工，正赶做顺坝

■ 1950年春，在灞河修筑丁坝时涨水的情形

■ 1950年5月6日，浐灞河间内堤

■ 1950 年夏，浐灞河光泰庙修筑挑水坝后淤涨的情况

■ 1950 年 5 月 3 日，浐灞河涨水，新做将军庙第四号丁坝没水，然无损伤

■ 1950 年 5 月，灞河修筑挑水坝后凤凰嘴附近景象

■ 1950年5月，浐灞河将军庙的顺坝

■ 1950 年 4 月，浐灞河将军庙的顺坝与格坝

■ 1950 年 4 月，在浐灞河合流处新堤内农田种植蔬菜

1950 年 5 月，灞河将军庙顺坝及第二号格坝做顺沉辊

1950 年 9 月，浐灞河合流处，去年决口处已复堤并做一、二、三、四号丁坝为外蔽

1950 年 5 月 10 日，灞河第五号丁坝完成，经春涨后淤积的情形

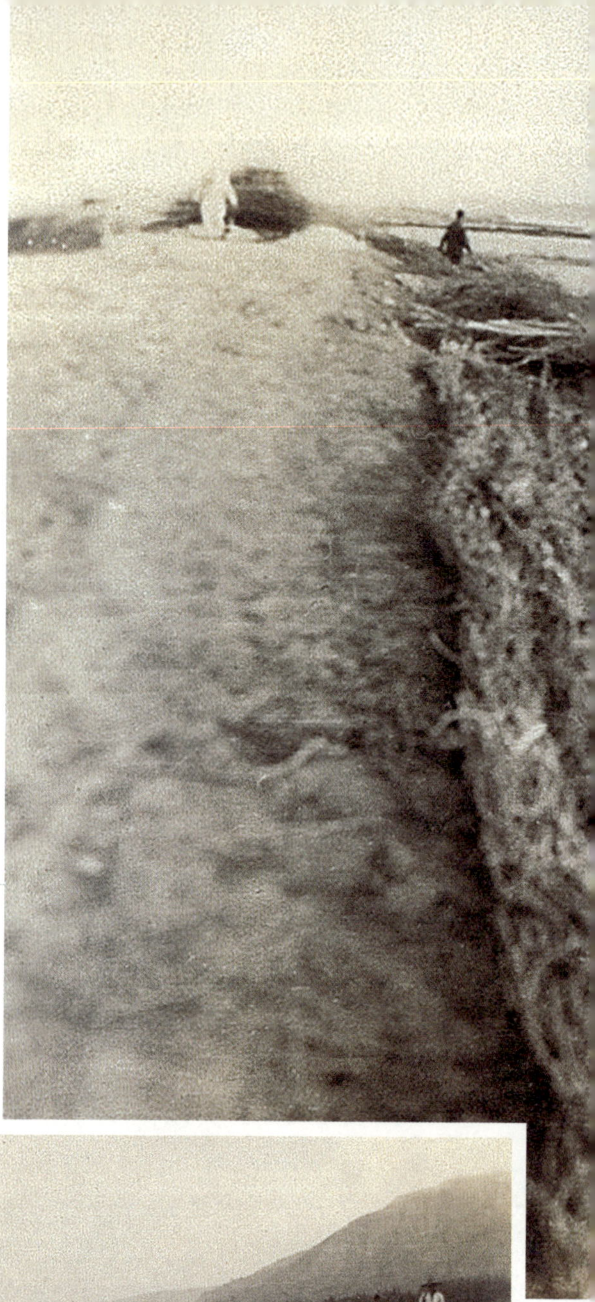

■ 1950年5月，灞河将军庙堤上梢龙及遥看北向三、四、五号丁坝

■ 1950 年 5 月,灞河将军庙第一号丁坝、顺坝及第二号格坝

■ 1950 年 6 月，浐灞河堵口复堤工程完工，农民赶收庄稼

■ 1950 年 5 月，灞河第一号丁坝完成后淤涨的情形

■ 1950年5月，在灞河第四号丁坝头部遥望第一、二、三号丁坝

■ 1950年5月3日，灞河洪水，将军庙第三号丁坝没水，然无损失

■ 1950年5月，灞河将军庙顺坝及第二号格坝

1950年6月，灞河将军庙第五号丁坝完工

1950年春，浐灞河堵口复堤完工纪念会场

■ 1950年5月3日，灞河涨水，第二号丁坝完全没水，第一号丁坝仅剩一线，然水退毫无损失

■ 1950年4月，浐灞河第一号积石坝

■ 1950 年春，浐灞河光泰庙堵口复堤工程处

■ 1950 年，浐灞河上刘家庄集筑坝同仁合影

■ 1950 年 5 月 5 日，工作人员参观光泰庙堤坝工程（摄影于第一坝上）

■ 1950 年春，浐灞河堵口复堤完工后在光泰庙开会

■ 1950 年 5 月 3 日，灞河将军庙第一号丁坝完工

■ 1950 年 5 月 13 日，浐灞河堵复工程完工时开群众大会的情况

■ 1950 年 5 月，浐灞河堵口复堤完工时的盛会

渭惠渠

民国水利专家李仪祉倡导修筑的“关中八惠”之一。渭惠渠自陕西省宝鸡眉县常兴镇魏家堡村引渭水，灌溉眉县、扶风、武功、兴平、咸阳诸县。1935年春动工，1937年冬完成一期工程。当年实际灌溉面积为17万亩以上。新中国成立后，渭惠渠历经新建、扩建，至今仍在发挥积极作用。

■ 1950年6月，渭惠渠大坝晚景

■ 1950 年 6 月，渭惠渠第三渠双凹口跌水

■ 1950年9月，渭惠渠第一渠三凹口跌水

■ 1953 年 7 月，用渭惠渠十号跌水做水力发电的试验

■ 1953年9月，渭惠渠晓景

■ 1953年6月，水工试验所附近的渭惠渠畔

1952年3月，渭惠渠大坝下方的挑水坝旁

1952年春，渭惠渠大坝下的挑水坝坝头

1952年4月，渭惠渠渠首的堵水坝

■ 1953 年 10 月，渭惠渠平渠岸绿树成荫

■ 1952 年 3 月，渭惠渠大坝下游北夹河下口堵水坝左右的淤涨情况

沣惠渠

民国水利专家李仪祉倡导修筑的“关中八惠”之一。沣惠渠的源头是“八水”之一的沣河，设计最大流量为11立方米/秒。1941年7月，沣惠渠开始动工建设；1943年5月，渠首大坝竣工；1947年5月，沣惠渠灌区建成，并逐渐发展成为西安市最大的自流灌区。

陕西

■ 沣惠渠坝上蓄水成湖与沣峪口诸山倒影

■ 沣惠渠冲沙情况

■ 1950 年 6 月，沣惠渠深水河渡槽

■ 沣惠渠大坝全景

■ 沣惠渠大坝滚水情况

■ 沣惠渠大坝的局部

■ 沣惠渠管理局内两位劳模留影

■ 沣惠渠第五桥畔秋日风光

■ 沣惠三渠倒虹洞

■ 1951 年 7 月，查勘沣峪口时工作人员就餐的情况

■ 沣惠渠冲刷闸

■ 沣惠渠进水闸

■ 沣惠渠第一渠

■ 1950 年 7 月，褒惠渠大坝

褒惠渠

李仪祉倡导修筑的陕西境内水利工程之一。渠首位于汉中市褒河谷口处，1949 年基本建成完工，1950 年以后又多次对其进行整修。

湑惠渠

■ 1950年6月，湑惠渠大坝

该工程建于湑水河出山口，始建于1942年，1948年5月建成投入运行，新中国成立后于1952年、1956年多次维修、加固并完善。

陕西

■ 渭惠渠上新修的桥梁

汉惠渠

汉惠渠位于汉中市勉县，1939—1944 年修建，其特点是一坝两渠，可以引汉江水灌溉两岸土地，为当地的农业生产发挥了巨大作用。新中国成立后，1957 年重新整修汉惠渠渠首，使其实际灌溉能力达到 10 万亩。

陕西

■ 1950 年 7 月,汉惠渠上的稻莲

泾惠渠

泾惠渠是继郑国渠及历代引泾灌溉工程之后，由我国近代著名水利科学家李仪祉主持修建的一个现代化大型灌溉工程。泾惠渠灌区于 1932 年 6 月 20 日建成通水，新中国成立后，几经扩建和改造，现今设施灌溉面积已达 145.3 万亩，涉及西安、咸阳、渭南三市的临潼、阎良、高陵、泾阳、三原、富平 6 县（区）。

■ 1950 年 7 月，泾惠渠上的白杨树

潼关黄河挑水坝、潼惠渠

1952年2月，潼关铜纸嘴筑坝地点

陕西

■ 黄河挑水坝上的运石工人

■ 1952 年 3 月，黄河挑水坝及工人

■ 1952 年 3 月，潼关黄河岸挑水坝的修筑工作在进展中

■ 潼关西门及黄河挑水坝

■ 1952年2月,黄河挑水坝行将完工

■ 1951 年 3 月，潼关风陵渡口

■ 潼惠渠大坝及进水闸

■ 潼惠渠山洞

■ 潼惠渠第一号跌水

西北农林水利畜牧劳模会议掠影

■ 陕西的农水牧劳模

■ 1951 年，开农林水利畜牧劳模大会于群众堂

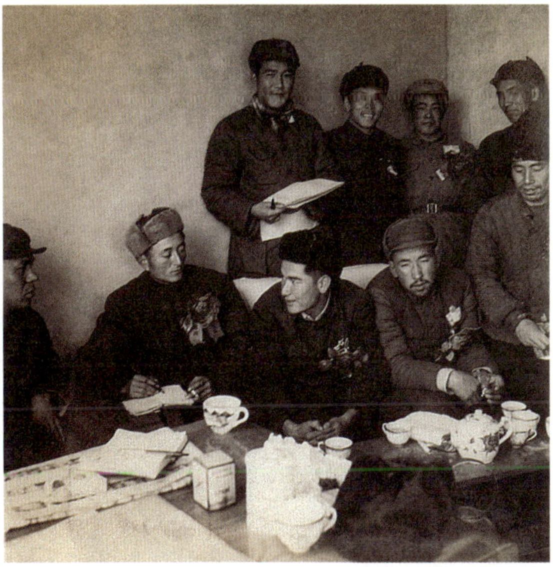

■ 新疆劳模代表组（部长室内）

■ 宁夏青海组（农田水利科内）

■ 陕西劳模代表组（灌溉管理科内）

■ 甘肃劳模代表组（处长室内）

■ 西北水利部与 1951 年水利劳模

■ 1951 年,农林水利畜牧劳模的金榜

第二篇

宁夏及其周边地区水利工程

汉延渠

宁夏汉延渠是宁夏引黄灌区最古老的干渠之一，距今已有两千多年的历史，全长88.05公里，自西南向东北流向，位于唐徕、惠农两大干渠之间，有闸、涵、槽大型建筑物等29座，直开口245座。最大设计引水流量为80立方米/秒，承担着青铜峡市、永宁县、兴庆区、贺兰县的13个乡镇、74个行政村及4个国营农场的灌溉任务。

■ 1951年4月，民工修理汉延渠二闸闸墩

■ 1951 年 4 月，整修汉延渠正闸石料

■ 1951 年 4 月，整修汉延渠的女民工

■ 1951 年 4 月，汉坝（即汉延渠正闸）

■ 1951 年 4 月 29 日，整修汉延渠的女民工及休息时的场景

■ 1951 年 6 月，汉延渠旁的退水沟和沟上的桥梁

■ 1951 年 4 月，汉延渠进水闸及宁朔县城

■ 1951 年 5 月 5 日，汉延渠放水时水坝情况

■ 汉延渠放水时退水闸滚水情形

| 惠农渠 |

惠农渠建于清雍正七年(1729),新中国成立后,曾经历三次大规模的扩建,是宁夏青铜峡河西灌区相对部位最低、渠线最长的一条干渠。由青铜峡河西总干渠原唐三闸引水,傍黄河西岸略平行,流经青铜峡、永宁、银川、贺兰、平罗、惠农六市县至惠农县尾闸乡,是宁夏平原引黄灌溉主要渠道之一。

■ 1950 年 6 月，惠农渠进水闸及减水闸

■ 1951 年 4 月，惠农渠下新工修理护岸

■ 1951 年 4 月，惠农渠于家河大跳整修前测量情形（该跳在 1951 年 3 月 22 日为黄河冰块冲毁）

注：跳，跳水，西北方言，特指溢流侧渠堰。

■ 1951年4月，惠农渠底排水情况及岸上的梢土工

■ 1951年4月，查勘惠农渠的情况及预备春工的物料

■ 1951 年 4 月，惠农渠口滚水坝上的物料（片石及麦草）

大清渠

俗称清渠，由原贺兰渠改筑，为宁夏府城南部黄河西干渠。清康熙四十七年（1708）由宁夏府水利同知王全臣主持修成。新中国成立后，合并于唐徕渠作为支干渠，在跃进桥以上建闸分水，新开渠6公里，现干渠最大引水流量20立方米/秒。

■ 1951年4月，大清渠大跳以南的护岸施工行将完工

■ 1951 年 3 月 22 日，大清渠大跳被黄河水冲毁，
1951 年 4 月，修复时的情形

■ 1951年4月，大清渠大跳石工完成，远处为挖渠内的石碛子

唐徕渠

又名唐梁渠，习呼唐渠，是宁夏引黄灌区中一条著名的古渠，也是河套灌区和宁夏平原最大的引黄灌溉水利工程。在新中国成立后，历经多年扩整和改造，目前承担着宁夏120多万亩农田灌溉及20万亩湖泊湿地补水任务。

■ 1950年6月，唐徕渠大坝

■ 1951 年 4 月，大坝营南侧唐徕渠春工中的民工及堆积的麦草

■ 1951 年 4 月，唐徕渠三闸修理完工时全体民工合影

■ 1951 年 4 月，唐徕渠大坝即唐渠进水闸与卷埽工

■ 1951 年 4 月，唐徕渠腰坝被黄河水流冲毁，民工扛大块石重修

■ 1951年4月，唐徕渠斩埽民工工作情形之一

■ 1951年4月，唐徕渠斩埽民工工作情形之二（背后山上三角形区域是穆桂英108塔点将台

■ 1950 年 6 月，唐徕渠大坝减水闸

■ 1951 年 4 月，唐徕渠上民工挖石碛子

■ 1951 年 4 月，唐徕渠大远支渠口出水槽

■ 1951 年 4 月，唐徕渠大坝退水闸情况

■ 1951年4月,唐徕渠内淤沙及大远支渠口修理工程

■ 唐徕渠支渠红花渠口建设新武闸门的情形

■ 1951 年 4 月，唐徕渠放水至腰坝时水流情况

■ 1951 年 4 月，唐徕渠底淤沙及满莲桥

■ 1951 年 4 月，自唐徕渠口卷埽处远看唐渠雄姿

■ 唐徕渠大坝初放水时景象

青铜峡

1950年6月，青铜峡汉渠之首

■ 1950 年 6 月，青铜峡汉渠的局部

■ 1950 年 6 月，青铜峡秦渠之首

■ 1951年4月，金积镇青铜峡口秦渠进水闸与骆驼队

■ 1951年4月，整修青铜峡汉渠的民工休息时宣传员讲话

1951年3月28日，青铜峡秦渠十里长堤

■ 1951年3月28日，青铜峡出口处公路旁拥水情况

■ 1951年3月28日，青铜峡上口黄河入峡处

■ 1951年3月28日，青铜峡下口黄河出口处

西河河口卷埽工程

■ 1951年4月，西河河口民工负土卷埽

■ 1951年4月，层土层草堵黄河水流成坝，使西河干涸，大清、汉延、惠农三渠进行春工。此为西河河口卷埽

■ 1951年4月，西河河口卷埽的一角

■ 河东农场渠灵武县大站子一段挖土的情形

■ 1951 年 3 月，西河河口卷埽工程全貌

贺兰山及定远营水利工程

1951年5月7日，定远营哈拉坞山谷中可筑坝蓄水处一带白色的水川

■ 1951 年 5 月 7 日，定远营老坝蓄水池

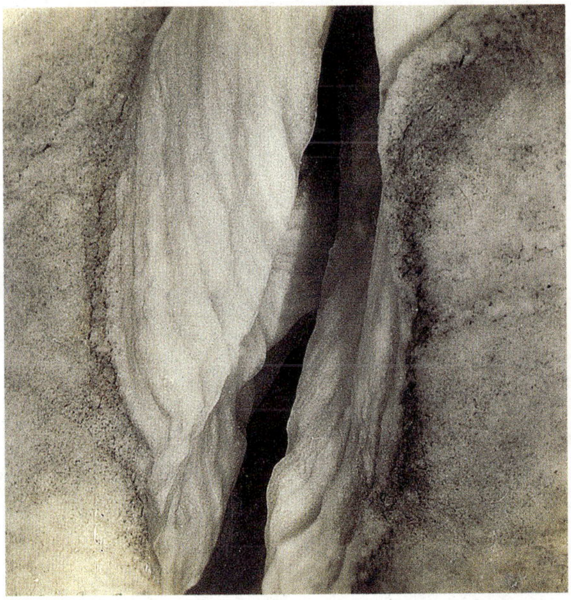

■ 1951 年 5 月 7 日，贺兰山哈拉坞山谷中的水川

■ 1951 年 5 月 7 日，定远营哈拉坞山谷中蓄水库地址

■ 1951年5月7日，与宁夏贺兰山定远营的工作人员勘察贺兰山哈拉坞水利工程

宁夏其他各渠

■ 1951 年 4 月，中宁七星渠口修理石穹

■ 1951 年 4 月，中宁柳青渠口民工挖石碛子的情形

1951 年 4 月，中宁新生渠上的民工工作情形之一

1951 年 4 月，中宁新生渠上的民工工作情形之二

■ 1951 年 4 月，中宁泉眼山南的响水桥

■ 1951 年 4 月，中宁响水桥背面

■ 1951 年 4 月，中宁响水桥正面

■ 1951 年 4 月，中卫新墩码头上的民工打鼓敲锣奔赴工地

■ 1951 年 4 月，七星、柳青二渠口同在一处，各做黄河支流拦水坝时片石堆满河边

■ 1951 年 4 月，灵武山水沟穿过秦渠

■ 永宁县女工挖六号支渠之情形

■ 永宁县新生渠中挖泥的两名女工

■ 1951 年 4 月，金积镇秦坝关秦渠退水闸的雄姿

■ 1951年4月，农场渠口新运料石

■ 1951 年 4 月，农场渠引水闸挖基工程

■ 1951 年 4 月，出席宁夏河东工程处工程委员会成立大会的人员

■ 1951 年 4 月，中济渠进水闸上民工打草绳的情形

■ 1951 年 4 月，中济渠口修用之石料，民工每人腰缠草绳为背石之用

第三篇

甘肃及青海地区水利工程

1952 年 4 月，天兰铁路苑川河上的土工施工现场之一

1952 年 4 月，天兰铁路苑川河上的土工施工现场之二

| 天兰铁路部分水利工程 |

■ 1952 年 4 月，天兰铁路苑川河施工时工人住的窑洞

■ 1952 年 4 月，天兰铁路苑川河段施工中用的压气机

■ 1952 年 4 月，天兰铁路苑川河段的土工施工现场

■ 1952 年 4 月，天兰铁路苑川河施工现场的民工

■ 1952 年 4 月，天兰铁路苑川河段施工现场的情形

■ 1952 年 3 月,天兰铁路经万眼泉的工程

■ 1952年4月，兰州东冈镇附近黄河上的民间挑水坝

■ 天兰铁路东冈镇依山沿河开路

■ 1952年春，宝天铁路的修理工程（沿河开路）

| 宝天铁路部分水利工程 |

■ 宝天铁路山洞槽型架子（沿河开路）

人民渠

原名北沟渠，最早在民国时期修建，新中国成立后，改名“人民渠”，并于1950年、1953年进行两次扩建，为城市用水、灌溉农田发挥了巨大作用。

1950年10月5日，人民渠进水闸

■ 1950年10月5日，人民渠玉带河渡槽

■ 1950年10月14日，平安渠泉水河渡槽

青海

■ 1950年10月14日，平安渠八藏沟渡槽

■ 1950年10月14日，平安渠西营子河隧洞

第四篇

西北水利科学研究所

水工试验所部分试验场地

西北水工试验所成立于1940年，新中国成立后，当时的西北水利部为了解决西北大规模水利建设与研究上遇到的实际问题，将该所的人员与设备均就实际情况进行了扩充。1953年，试验所利用渭惠渠跌水发电，水轮机及土木部分均由所内自己设计，解决了所内及附近各机关的用电问题，并为西北今后小型水电工程的建设起到一定示范作用。

■ 1953年6月，水工试验所水利发电进水闸

■ 1953 年 8 月，西北水工试验所大门

■ 1953 年 9 月，水塔下的放水槽和排水涵洞

■ 1953年7月，水工试验所在渭惠渠七建桥测验泥流

■ 1953年7月，泵水塔和跌井试验台

■ 1956年7月,水工试验所土工试验厅

■ 1956年7月,水工试验厅内的一部分设备

■ 1953年8月，露天模型试验场

■ 1953年9月，流速仪率定槽的一部分

■ 1953年6月，水力发电输水渠

■ 1953 年 6 月，沉沙池及放水闸门

■ 1953 年 7 月，沉沙池及放水闸门

■ 1953 年 6 月，从泵水塔一角遥望沉沙池

1953 年 7 月，水力发电工程安装水轮机

1953 年 7 月，将水轮机移入动力房内

■ 1953 年 7 月，安装水轮机座

■ 1953 年 7 月，安装水轮机的螺旋翼

甘肃昌马河灌溉工程试验

试验分为拦河大坝、渠道跌水及陡坡三项。该试验为大坝工程率定了流量水位曲线，并建议改正原设计中的消能工程。通过跌水及陡坡工程试验，修正了缺口尺寸以利于泄水，并建议修正下游消能工程，缩短跌塘长度，节省工料。

1953年7月，昌马河灌溉渠跌水模型

■ 1953 年 6 月，昌马河灌溉渠跌水试验（一）

■ 1953 年 6 月，昌马河灌溉渠跌水试验（二）

■ 1953年9月，昌马河灌溉渠陡坡试验

■ 1953 年 6 月，昌马河灌溉渠跌水试验成果

■ 1953 年 6 月，昌马河灌溉渠陡坡模型

兴平水工试验模型

■ 1953 年 6 月，兴平水塔积蓄水池工程

■ 1953 年 6 月，兴平水塔下输水槽工程

■ 1953 年 7 月，兴平水塔下输水槽铁筋洋灰工程

■ 1953 年 7 月，兴平水塔下输水槽打洋灰

■ 1953 年 8 月，兴平水塔顶洋灰工程

■ 1953年7月，兴平水塔铁筋洋灰工程

■ 1953年7月，兴平水塔砌砖工程

■ 1953年8月，兴平水塔二层平水池及顶层铁筋洋灰工程

■ 1953年8月，兴平水塔顶铁筋洋灰工程

■ 1953 年 6 月，兴平水塔引水槽工程

■ 1953 年 6 月，兴平水塔引水堰工程

第五篇

西北地区水利风光

新中国成立初期西北地区水利工程影像集

黄河风光

■ 咸阳古渡处的陇海铁路桥

■ 1951年4月,仁存渡口中的羊皮筏,上面载有中宁的黄米准备运至银川以供民食

■ 黄河渡口的船夫

■ 1951 年 3 月 25 日，固原以南汽车队过泾河时的情形（汽车装货过重，乘客均须下车徒步过河）

■ 1951 年 4 月，西南风鼓浪，黄河东岸过渡不易

■ 1952 年 5 月，陇西东部的梯田

西北

第五篇

西北地区水利风光

1952年4月，兰州附近万眼泉边的水磨

兰州风光

■ 1952年4月，兰州梨园遥望五泉山

西北

麦积山

1952年5月，黄河岸边的麦积山

■ 1952年5月，麦积峰远景

后记

我的外公胡步川先生除了他所热爱的水利工程专业的工作外，一生喜诗词，善书画和摄影。在保存下来的数千张照片中，第一张照片的拍摄年代是1921年，是在河海工程专门学校毕业后留校做助教时，带学生野外勘测实习时所拍；最后一张是1965年夏于北戴河疗养时的留影。数千张照片，外公生前把它们整理成厚厚的八本相册。在每张照片的正面边侧或背面都注明了拍摄的地点、时间和场景内容。虽历经九十余年，字迹仍清晰可辨。母亲曾讲过，六七岁时在陕西的外公就常带着她去巡渠，而照相机和记事本，是外公随身必带之物。触景生情时，诗词便跃然纸上，而渠坝的细节则由相机拍下以作记录。其实这已经成为外公的一种工作方式。在具有水利专业素养的镜头下，从初至陕西的泾谷测量，到渭惠渠等八渠建成后的开闸放水，筑坝修渠的许多工程环节，他都用照片完整记录下来。正是这种不懈的坚持，才使得中国近代最早一批从事水利工程建设的英才和他们克服万难所建成的水利设施，在将近一个世纪后的今天，如此真实地呈现在了我们面前。

现保存下来的这些老照片，内容上大致分为两类。一类为水利工程施工照片，包括西北、川鄂豫和浙江等地的水利设施建坝修渠的具体施工留照；另一类为风景民俗照，大多为水利工程建设地沿途的风土民情及开闸放水后农人丰收的场景。

可以说历尽沧桑的这些老照片，已成为研究近代中国水利史不可多得的史料。

因缘际会,结识了河海大学出版社朱婵玲社长。谈起胡步川先生这些具有史料价值的摄影照片时,朱社长和她的团队,在“阅读”完这些老照片后,以其专业学术素养,从不同角度梳理出中国百年水利发展历史的脉络,从而确定率先出版反映新中国成立初期西北水利建设的老照片影像集。作为河海培养出来的水利专家,其作品又由河海大学出版社出版,胡步川先生天上有知,也会倍感安慰和无上荣光。

在此书即将出版之际,母亲和我由衷地感谢河海大学、河海大学出版社和责编彭志诚先生、周贤女士。彭志诚先生为此书多次往返宁沪之间,专业而踏实的工作作风,给我留下深刻印象。河海大学档案馆刘顺先生、陕西西安水文资源勘测局王晓斌先生和浙江临海文保部门负责人彭连生先生，在本书的出版过程中,也给予了很多帮助,在此一并表示感谢。

胡步川先生外孙女　刘小梅

二〇一九年九月于上海寓所